③追不上的速度

很忙工作室◎著　有福画童书◎绘

北京科学技术出版社
100层童书馆

艾萨克·牛顿先生是我们这个星球最伟大的科学家之一。
你好！
他提出了万有引力定律……
……和牛顿运动定律。

他发明了反射望远镜，提出了金本位制，还是微积分的创立者之一。
$\int_a^b f(x)dx=F(b)-F(a)$
GOLD

看我点石成金！
他还会一点儿炼金术……
哈哈哈！

你肯定想不到，牛顿还是一位……
……运动教练！
他并不擅长什么体育项目，却指导着所有参与体育运动的人，包括我和你。

现在，我们来欢迎牛顿教练吧！
只要运动就要面对阻力，不过，牛顿教练将教会我们如何克服阻力。

教练的运动装备
可真不少……
今天有什么
安排呀？
继续讲解上
次的主题！
还是水上项目！
难道是……
再想想！
这么说也对
在某种意义上，滑冰
也是水上项目啊！

这项运动我熟！我已经收集了很多运动员的签名照！
速度滑冰的世界纪录是人类用双腿创造的速度极限！
短道速滑中，运动员不会在发枪后就全力冲刺，往往要压住速度，占据有利位置。所以短道速滑的世界纪录并不能代表滑冰的极限速度。
这是短道速滑吧？
是的，但这项运动不完全追求速度。
在速度滑冰中，运动员两人一组互不干扰，从一开始就拼尽全力向前滑行。
真正追求速度的是速度滑冰！

好期待，我们快走吧！
这次动作很快嘛，有进步。

目前男子速度滑冰 500 米的奥运会纪录是 34 秒 32，平均速度为 14.6 米 / 秒。而“陆上飞人”博尔特的极限速度只有 10.4 米 / 秒。
BOLT
滑冰的速度为什么会这么快呢？
因为冰有一个奇妙的物理特性。
冰在有压力的情况下熔点会降低，比如当你用手去压它的时候，它就比较容易融化。
好凉！

手指施加压力的地方，冰会
变为体积更小的水，也就是
熔点降低。这个物理特性就
是压力降低熔点。
雪是微小的冰晶，受到挤压时熔点降
低，会融化；不再给它压力时，融化
的部分会重新结冰，把其余没有融化
的雪包裹在内。
这就是为什么松软的雪
可以捏成硬雪球！

看到了吗？被压过的
地方出现了凹陷。
难道这不是被我的手
指加热融化的吗？
不用手指也可以！
跟我做个实验你就
明白了。

在厚厚的冰块上搭一根两端挂着重物的铁丝。
注意，铁丝要很细才行。

仔细观察铁丝和冰接触的地方。

铁丝好像嵌到冰里去了！
这就对了！

由于铁丝很细，接触铁丝的冰面受到很大的压力，这部分冰面的熔点就会降低——这里的冰先融化了。

你再看看，铁丝嵌进去之后，冰面有没有凹陷？
没有，怎么会这样？！
铁丝上方恢复了原有的压力，水又重新凝结成冰。
对了！和捏雪球的原理一样！

铁丝会继续向下滑，最后从冰块下方穿出，而冰块还是完整的。
！

可这和速度没关系啊！这样看起来锋利的冰刀会陷进冰里！
又不是让你一直站在那里，而且你也没瘦成闪电，陷不进去的！
？？？
可是铁丝陷进去了呀……

我用同一个小铁块，做三个小实验你就能明白了。
同样重的物体，接触面积越大压强就越小。
没问题！
很安全。
呀！断了！
普通冰刀的刀刃只有两毫米宽。
2毫米
如果站在冰刀上的人体重50千克，他对冰面的压强大约有10个标准大气压。
相当于每平方厘米承受10千克的物体的压力！
10千克
1平方厘米
50千克
冰刀下的冰融化成水，这些水会在冰刀和冰之间形成一层水膜。
怪不得冰刀要锋利，原来是为了让它陷下去！
Ff
2毫米
10毫米

水膜在冰刀和冰中间起到了润滑剂的作用。所以，速度的奥秘就在水膜上。
教练，生活中有没有水作为润滑剂的例子？
为什么雨天容易滑倒呢？
因为地面有水！这么简单的例子我竟然没想到。
水在鞋底和地面之间也形成了一层水膜。
小心地滑
鞋底有很多纹路，原本是防滑的。但是当水把纹路填满后会怎么样呢？
鞋和地面的接触面就变成一个光滑面！摩擦力减小了！
所以速度就变快了，哎呀！

此外，冰刀与冰面的摩擦产生热量，冰刀划过的冰面会迅速融化，也会形成水膜。
原来水膜产生的原因不只是熔点降低。

在熔点降低和摩擦产生热量的双重作用下，水作为润滑剂，大大降低了冰刀与冰面的摩擦力。

不过，冰受到压力后熔点降低，这只是一种常见的解释罢了。

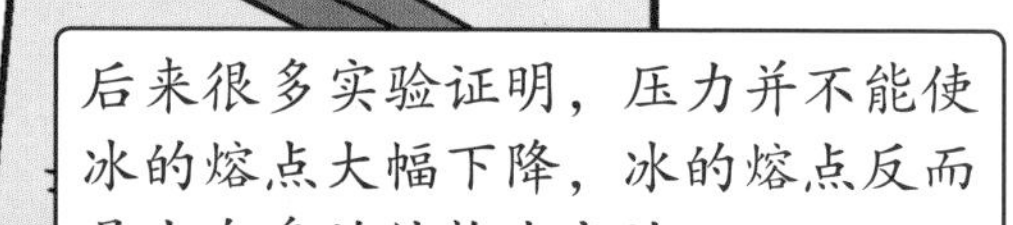
后来很多实验证明，压力并不能使冰的熔点大幅下降，冰的熔点反而是由自身的结构决定的。

当环境温度低于冰的熔点——0℃时，冰的表层就有一层水膜。
0℃
其实不需要太大压力，冰面上就已经存在润滑剂了。

温度越低，水膜越薄。
所以温度降低后，冰的光滑程度降低，摩擦力增大。
-10℃

滑冰可真冷呀。

冰面上那些划痕呢？它们怎么没有把冰面变成“大花脸”？

因为有些划痕会消失或者变浅！
冰刀划过冰面后，压强消失，熔点回升，融化了的水又迅速结成冰，这就是复冰现象。
就像铁丝穿冰块实验！

有没有不靠双腿创造的速度极限呢？
不用双腿的话……
赛艇？！

对！在人类依靠自身力量的前提下，赛艇和皮划艇运动是水上运动速度最快的项目。
哈哈，牛顿教练其实说了三个项目。
人们经常弄混赛艇、皮艇和划艇运动。
原来皮划艇是指皮艇和划艇。
前进方向
背对前进方向的是赛艇运动，面对前进方向的是皮艇和划艇运动。

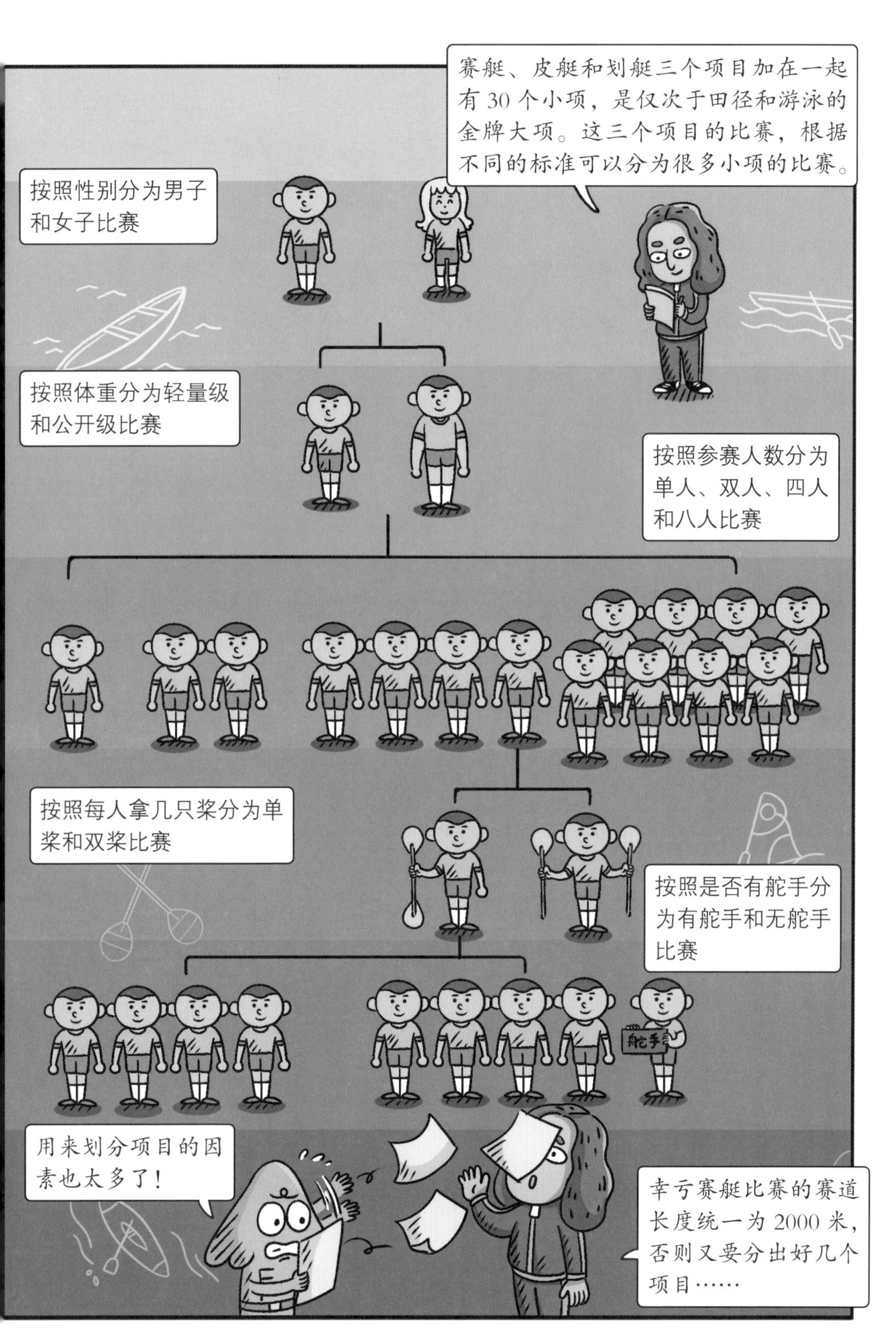
赛艇、皮艇和划艇三个项目加在一起有30个小项，是仅次于田径和游泳的金牌大项。这三个项目的比赛，根据不同的标准可以分为很多小项的比赛。
按照性别分为男子和女子比赛
按照体重分为轻量级和公开级比赛
按照参赛人数分为单人、双人、四人和八人比赛
按照每人拿几只桨分为单桨和双桨比赛
按照是否有舵手分为有舵手和无舵手比赛
舵手
用来划分项目的因素也太多了！
幸亏赛艇比赛的赛道长度统一为2000米，否则又要分出好几个项目……

皮艇和划艇看起来一样啊！
运动员坐在艇上，桨的两头都有桨叶的是皮艇。
运动员跪在艇上，用一头有桨叶的桨在一侧划水的是划艇。

终于能分清楚这三个项目了！
如果进行简单的计算，赛艇的速度最快。
男子单人双桨赛艇可以在 6 分半左右完成 2000 米的航程，平均速度超过 5 米 / 秒。
而男子 1500 米自由泳世界纪录只有 1.72 米 / 秒。

赛艇诞生于17世纪的英国，不过最早只能叫“赛船”。
后来，船体慢慢变窄，最终变成窄小的艇。
八人艇
单人艇
57厘米
30厘米
我的肩宽也有三十七八厘米呢！
我知道原因，赛艇越来越细长，是为了减小水的阻力。
赛艇的桨和桨架构成了一个简单的杠杆。
支点
动力
阻力
动力
阻力
支点

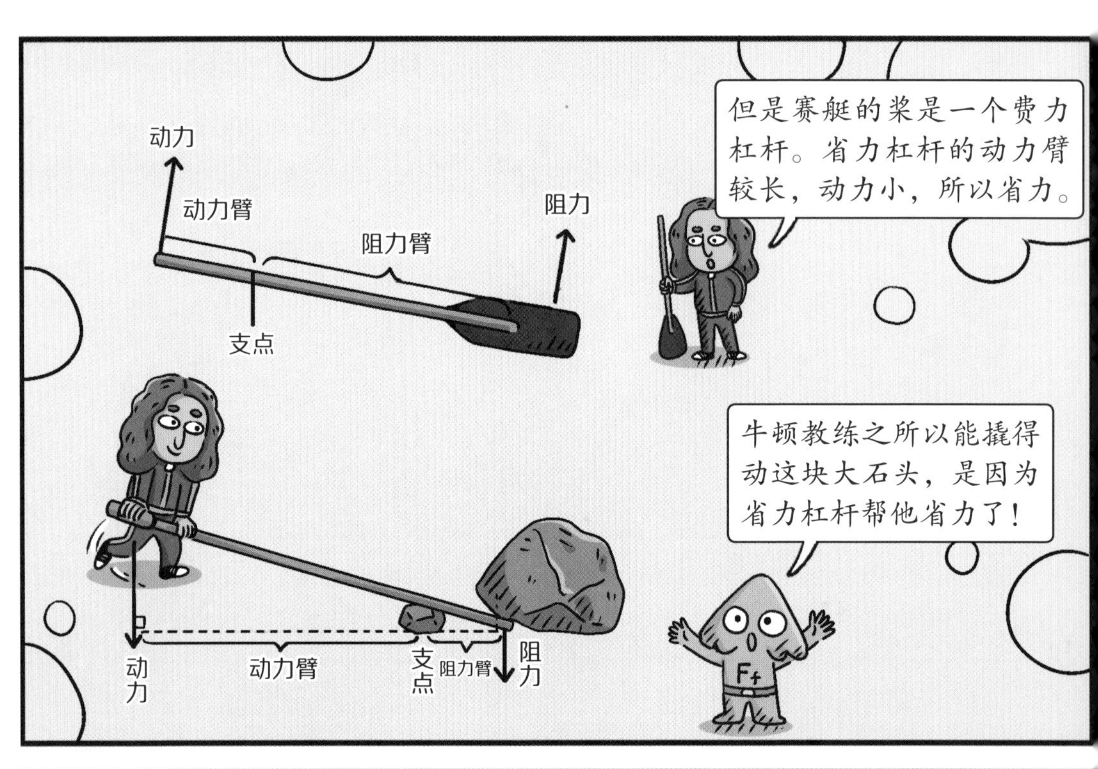
动力
动力臂
阻力臂
阻力
支点
但是赛艇的桨是一个费力杠杆。省力杠杆的动力臂较长，动力小，所以省力。
牛顿教练之所以能撬得动这块大石头，是因为省力杠杆帮他省力了！
动力
动力臂
支点
阻力臂
阻力
Ff

这样一来，哪怕运动员使用比较小的力，艇也能获得较大的动力。
1846年，英国人在赛艇两侧安装了延伸到艇外的桨架，增加了桨的长度。这一做法大大延长了动力臂。
Ff

1857 年，美国人发明了滑座，滑座下有轮子。运动员可以在划桨时前后移动，充分发挥腿部和躯干的力量。

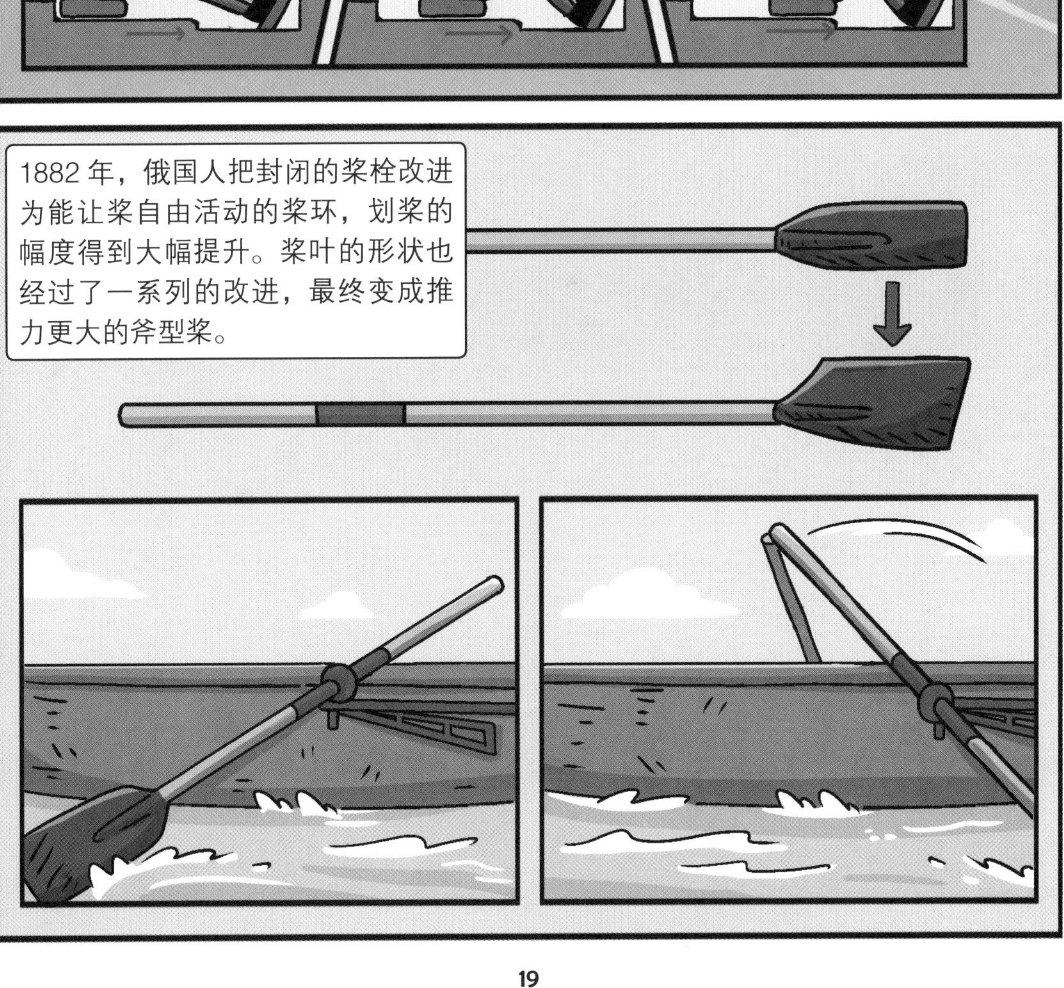

1882 年，俄国人把封闭的桨栓改进为能让桨自由活动的桨环，划桨的幅度得到大幅提升。桨叶的形状也经过了一系列的改进，最终变成推力更大的斧型桨。

经过这一番“折腾”，赛船终于变成了现代意义上的赛艇！
所有这些改进和变化都是为了增加赛艇的动力，提高速度！

牛顿教练，介绍了半天，您该给我们讲讲赛艇的运动原理了。
给你一个表现的机会吧！
谢谢教练！

根据牛顿第三运动定律，赛艇向前的动力是由桨叶向后划水后，水对艇身的反作用力提供的。
这是赛艇运动的基础原理，关于赛艇的速度奥秘还得听牛顿教练的讲解。

速度和桨有关！

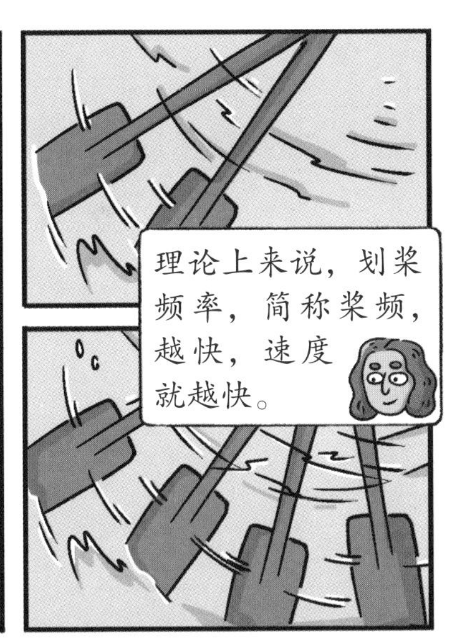
理论上来说，划桨频率，简称桨频，越快，速度就越快。

男子八人艇的桨频最快可以达到48次/分。

划距
不过桨频过快也会影响赛艇的稳定性，而且每划一桨后艇移动的距离，也就是划距，也不同。
划距越大速度就越快吗？
嗯……这个有点儿复杂，划距只是影响速度的原因之一。

划距由运动员划桨的幅度和桨划水的效果决定。
保持较大的划水幅度，匀加速用力，能获得较好的划水效果，得到较大的前进动力，这也是提高速度的关键。

不过赛艇的动力并不持续，当桨叶在水下划动时，赛艇就能获得前进的动力；当桨叶出水后，动力就消失了。
赛艇能持续往前走，是惯性的作用。
牛顿第一定律又称惯性定律，指物体不受外力作用，或者合力为零时，保持匀速直线运动或静止状态。
不连贯的运动方式会让赛艇前进的稳定性降低。
所以不能一味
高桨频，这会
加不稳定性，
划水的效果变差
从而影响速度。
一、二、一、二……
冲呀！冲呀！
运动员一般只在出发和冲刺时才会提高桨频，途中会尽量让桨频波动不大，以使赛艇保持较高的速度。

人和器材的自重也是影响赛艇速度的关键因素之一。
自重越大，向前划行时需要克服的阻力就越大。
器材的重量有严格规定。
千克
千克
比赛前各队会对赛艇自行称重，如果重量低于标准，就要加铅块来增重。
未达标
要想有效减轻重量就要从人的体重下手。
体重轻的人力气可不一定小！
WIN
常情况下，赛艇运动员体重和力量成正比，遇一个体重很轻但力量极的奇才，几乎不可能。
既然队员的体重减不了，人们就打起了舵手的主意。
舵手

舵手不参与划桨，无法给赛艇提供前进的动力，但却占据了一部分重量。
那让小朋友来当舵手就好了，他们更有体重优势。

1900年奥运会上，为了夺冠，荷兰队用一位7岁的法国男孩替下了原本是成年人的舵手。
人类为了追求速度什么办法都用了。
还不都是为了逃避你——阻力！

男子舵手体重最低55千克
女子舵手体重最低50千克
不过，为了杜绝这种现象，现在的赛艇比赛规则已经改变了。

如果舵手体重不达标，就要在最靠近舵手的位置增加重物，来保证比赛的公平。
5千克
50千克

舵手不但要掌舵保持方向，还要调控比赛气势和节奏。
这个重担还是由成年人来挑吧！
嗖
跑步、游泳、滑冰、赛艇，人类追求速度极限的项目还真不少。
但是，对大部分人来说，接触最多的还是球类运动。
看我的香蕉球！
看来你认真读另一本书了。
嘿嘿嘿！除了香蕉球，我还会电梯球。

球类项目繁多。但是哪种球的速度最快呢？
一定是我刚才踢的足球啊！

大部分人跟你想
的一样，实际上
这是错的！
嗯？那一定
是棒球了！
也不对。
网球？
这么下去，你就要把所有
球类项目都说一遍了！
有记载的足球球速纪录是
210 千米 / 时。
F+
棒球的最高球速目前只有
169 千米 / 时，而且棒球投
球的速度大于击球速度。
女子网球的最高球速为 211
千米 / 时，男子网球的最高
球速为 251 千米 / 时。

目前看来，网球最快了！
但它们都比不过羽毛球的速度。
中国运动员傅海峰曾经创造过 332 千米 / 时的羽毛球球速纪录。
冠军竟然是羽毛球！但它的样子可真不像个球。
羽毛球为什么比网球、棒球这些真正的“球”更快呢？
332 千米 / 时
251 千米 / 时
210 千米 / 时
物理学中，计算加速度的公式为：a=F/m。
a：加速度　F：作用在物体上的合力　m：质量
要想让球速更快，就要有更大的合力作用在球上，以及更小的质量。
我明白，这就是说合力越大越好，球越轻越好。

羽毛球的最高球速出现在球员跃起后在空中扣杀时。
好球！不过，这是为什么呢？
让我想想怎么解释……

这有点儿类似于排球比赛中的大力扣球。
球员跃起，在空中扣杀，有利于发挥全身的力量。而且手臂展开后从击球点到人肩膀的距离也更长。

非球的击球点是手。
而在羽毛球运动中，
球拍延长了距离。
这样的话，从击球点到人肩膀的距离就变成了手臂加球拍的长度。

为什么距离长就会使羽毛球的球速更快呢？
因为在角速度不变的情况下，球拍长线速度就大。
又一个新概念，我要好好记下来！
牛顿教练，讲讲这两个速度吧！
角速度就是转动的角度除以转动所用的时间。
在转动的过程中，手能够控制拍子转动的速度，就可以看作角速度。
原来是转手腕。
在一定时间内，手腕转动的角度是有限的，所以由手腕造成的角速度差距并不大。
线速度是移动的曲线距离除以所用的时间。
线速度比较像
们平时说的速度
是我们在挥动
子时拍面移动的
速度。
明白了！

这和球拍长度有什么关系呢？
你想，在角度相同的情况下，更大的半径是不是会带来更长的弧长？
D
A
O
B
C
D
A
O
B
C
A
D
O
B
C
AB 弧长的确小于 CD 弧长。
在同样的时间里，羽毛球的长拍子划过的距离更大。
所以，它的线速度比其他的球快。
也就是击球点的实际速度快！
和没有球拍的足球、排球，以及球拍短小的乒乓球相比，羽毛球的长拍让它有了速度的优势。
网球拍也比它短一点儿。

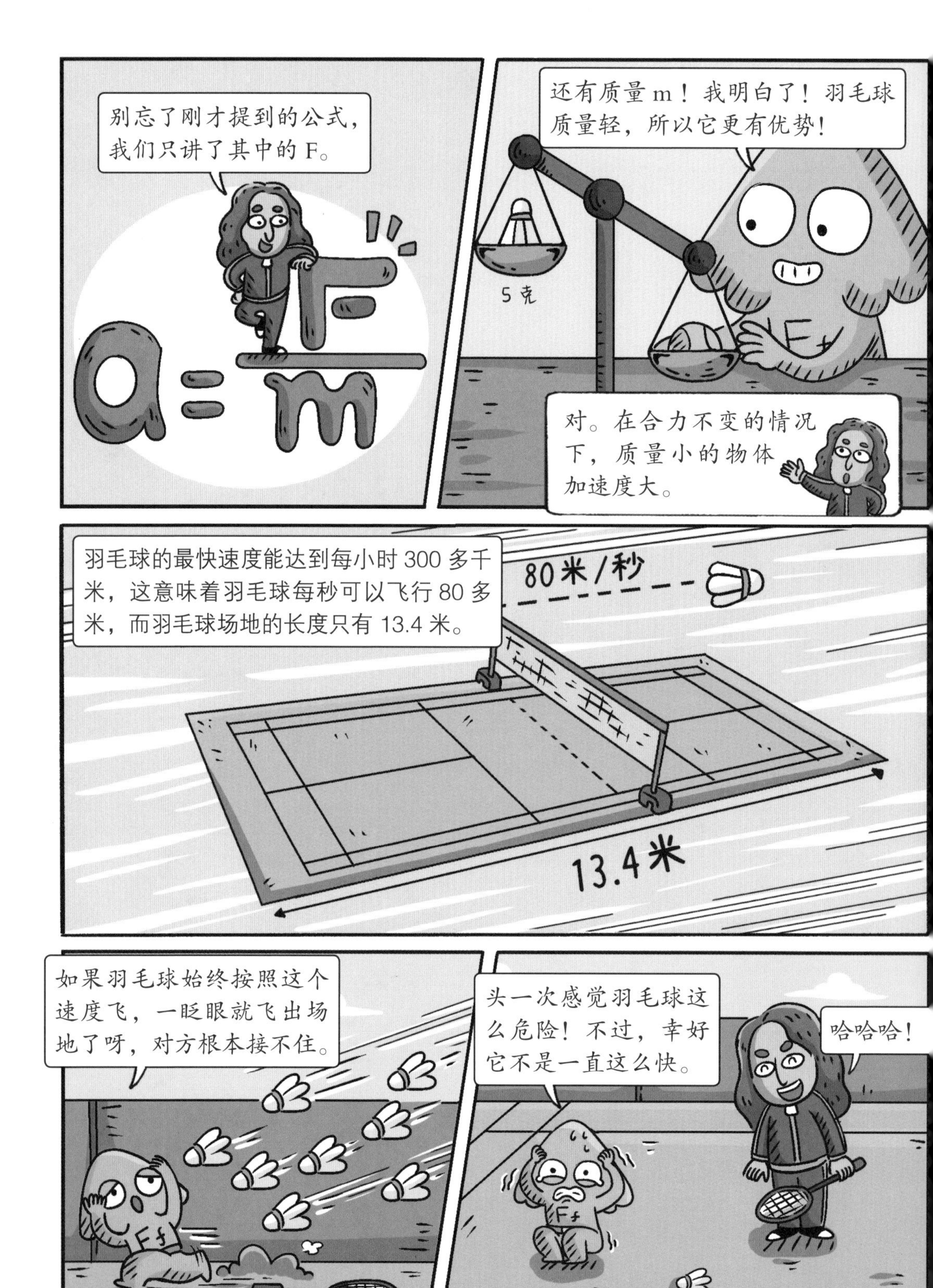
别忘了刚才提到的公式，我们只讲了其中的 F。
a=F/m
还有质量 m！我明白了！羽毛球质量轻，所以它更有优势！
5克
F
对。在合力不变的情况下，质量小的物体加速度大。
羽毛球的最快速度能达到每小时 300 多千米，这意味着羽毛球每秒可以飞行 80 多米，而羽毛球场地的长度只有 13.4 米。
80米/秒
13.4米
如果羽毛球始终按照这个速度飞，一眨眼就飞出场地了呀，对方根本接不住。
Ff
头一次感觉羽毛球这么危险！不过，幸好它不是一直这么快。
哈哈哈！
Ff

我们说的每小时 300 多千米，是羽毛球在击球点的瞬时速度。不过，羽毛球特殊的外形发挥了减速的作用。
我懂！看看它不光滑的外表就知道了。比起其他接近球体的球，羽毛球在空气中受到的阻力大多了。
羽毛球的结构设计是为了增大阻力。
羽毛球减速快还有另外一个重要原因。
因为羽毛球质量小。嘿嘿，这也和我相关。
$a=\frac{F}{m}$
可以说速度快和慢都能从这个公式中找到答案。
Ff
现在，请把 F 看作阻力！

这下大家可以放心地上场挥拍了。

我也能放心看比赛了。

科学家不断探究我们居住的地球和
我们自身的关系。

牛顿教练作为探究者之一，为我们的科学大道铺设
了坚实的路基。可以预见，今后人们突破速度纪录
的困难会越来越大，但在牛顿教练的指导下，人们
仍将锲而不舍，并乐此不疲。
自然哲学
的
数学原理

冰雪

雪和冰融化之后都会变成水，但它们的样子却完全不同。

雪是在大气中形成的。在寒冷的冬天，水蒸气会凝结成小冰晶，这些小冰晶会在空中不断生长和聚集，最终形成雪花。雪花的形态和晶体结构是由这些小冰晶的生长和聚集方式决定的，因此每片雪花都是独一无二的。

冰是在水中形成的。当水温下降到0℃以下时，水分子会开始结晶，并形成冰晶。由于水分子在结晶时会形成规则的晶体结构，因此冰的形态和晶体结构比雪的更规则。

雪和冰的物理性质也有很大不同。雪是由许多小冰晶组成的，因此它的密度较低，容易被压缩和变形。冰的晶体结构比较紧密，因此它的密度较高，比雪更坚硬和稳定。

提到冰雪和运动，我最先想到的是冬奥会。

冬奥会的七大项目包括滑冰、滑雪、冰球、冰壶、雪车、雪橇和冬季两项。短道速滑和速度滑冰都属于滑冰项目。除此之外，滑冰项目中还有花样滑冰。

牛顿教练说，他还会陆续介绍花样滑冰和冰壶的物理原理。期待！

我有一个问题

人体内有杠杆结构吗？还有什么运动应用了杠杆原理？

中国科协
首席科学传播专家
郭亮

人体的骨骼系统中存在着杠杆结构。我们可以把骨骼看作杠杆的支点，把肌肉产生的力看作杠杆的作用力。不同的肌肉和骨骼组合形成了不同的杠杆系统，让人体能够进行各种各样的运动和活动。

例如，手臂就是一个杠杆系统。手臂的骨骼组成了支点，肱二头肌产生的力则是作用力。当肱二头肌收缩时，力通过肌腱传递到肱骨上，使得手臂能够屈曲。手臂的长度和角度也会影响力量的大小和方向，从而影响手臂的运动。

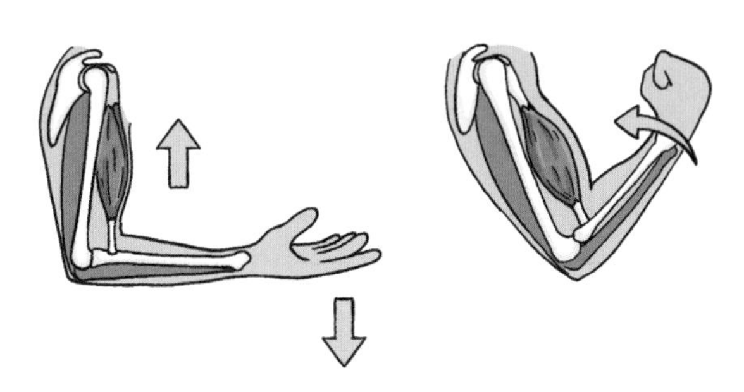

我们在很多体育运动中都能找到杠杆原理的应用。

非常直观的一个例子是跳板跳水。跳板是用有弹性的金属或玻璃钢做成的。它的一端被固定，是省力杠杆。跳板越长，末端离固定端越远，也就是动力臂越长，弹力就会越大。另一个例子是羽毛球运动。打羽毛球时，我们通过手掌和手指控制拍柄，来带动远端的球拍网击球，动力臂小于阻力臂，是费力杠杆。

跳水运动员压水花时也应用了物理原理吗？

我们观看跳水比赛时，一定会非常关注运动员入水时水花的大小。压水花也是有“物理诀窍”的。我们可能会认为，想要水花小，运动员的身体前端要尽可能地呈尖锐状，比如先入水的手要合拢，手臂要伸直，身体形成前面尖、后面宽的楔形，实际并非如此。使用这种姿势，能有效减小入水时身体受到的冲击力，但压水花的效果却不明显。

楔形物体的尖端撞入水面时，靠近楔形斜面的水会受到垂直于斜面的挤压力的作用，并沿斜面向上运动，这个方向对水来说是阻力最小的方向，所以水会不断地沿着这个方向运动，从而形成巨大的水花。

如果仔细观察，你就会发现，运动员入水时其实是用手掌与水面接触。因为方形体撞入水面时，水会受垂直于水平面的挤压力作用，向下运动，由于在各个方向上水遇到的阻力差别不大，所以水会向四周扩散，但是由于周围的水的反挤压力的作用，一部分水会向上运动，但主要还是横向运动，所以不会出现明显的水花。

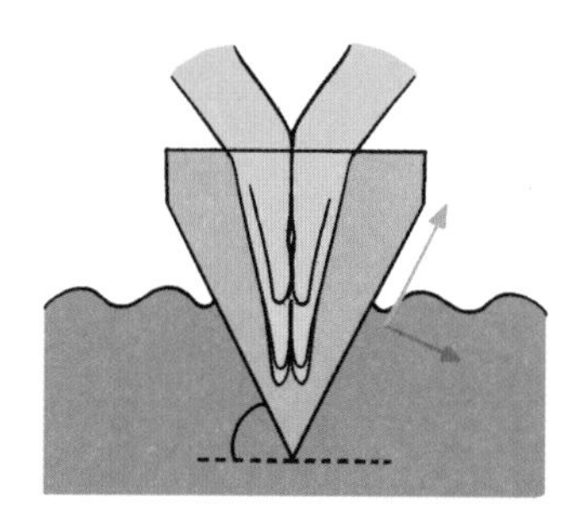

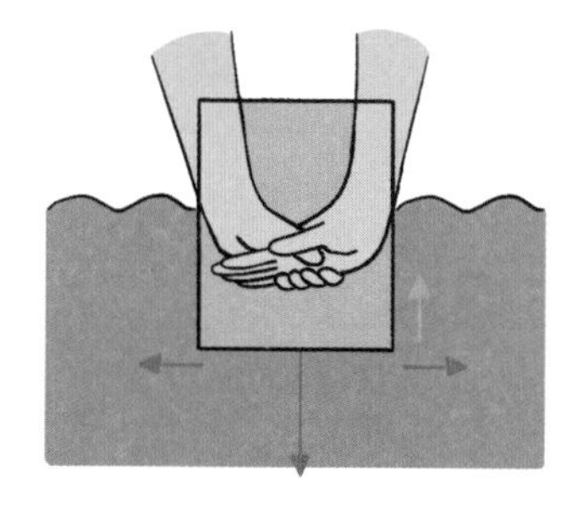

不过，这并不代表只要下落时手掌与水面平行，水花就一定小，压水花的效果还受运动员的体型、技术、下落速度等多种因素的影响。

什么是加速度？

加速度是速度随时间的变化率，它可以描述速度变化的快慢。

假设你在跑步，在A点时你的速度是零，然后，你开始加速，这个过程中就产生了加速度，并且加速度的方向和你的运动方向是相同的。但是，在C点你碰到了一个障碍物，你想要停下来，就需要减速。这时，加速度的方向和你的运动方向是相反的。

羽毛球的最高球速是由什么决定的？

我们说的球速，是指球的初速度，也就是足球离脚、棒球离手、羽毛球离拍瞬间的速度。羽毛球的最高球速是由运动员击球瞬间的挥拍速度决定的，往往出现在运动员跃起在空中扣杀时。

图书在版编目（CIP）数据

我的牛顿教练. 3, 追不上的速度 / 很忙工作室著；有福画童书绘. — 北京：北京科学技术出版社, 2023.12（2024.2重印）

（科学家们有点儿忙）

ISBN 978-7-5714-3236-2

Ⅰ. ①我… Ⅱ. ①很… ②有… Ⅲ. ①物理学—儿童读物 Ⅳ. ①O4-49

中国国家版本馆CIP数据核字(2023)第180518号

策划编辑： 樊文静
责任编辑： 樊文静
封面设计： 沈学成
图文制作： 旅教文化
营销编辑： 赵倩倩　郭靖桓
责任印制： 吕　越
出 版 人： 曾庆宇
出版发行： 北京科学技术出版社
社　　址： 北京西直门南大街 16 号
邮政编码： 100035
电　　话： 0086-10-66135495（总编室）
0086-10-66113227（发行部）
网　　址： www.bkydw.cn
印　　刷： 北京宝隆世纪印刷有限公司
开　　本： 710 mm × 1000 mm　1/16
字　　数： 50 千字
印　　张： 2.5
版　　次： 2023 年 12 月第 1 版
印　　次： 2024 年 2 月第 3 次印刷
ISBN 978-7-5714-3236-2

定　　价：159.00 元（全 6 册）

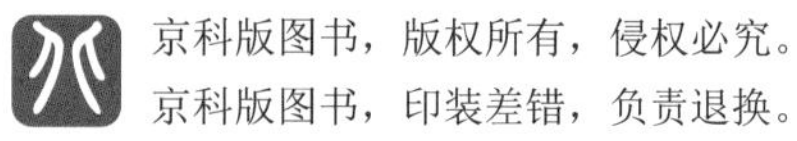